园艺

U0269482

撰文/宋馥华　　　审订/张育森

中国盲文出版社

怎样使用《新视野学习百科》?

请带着好奇、快乐的心情，展开一趟丰富、有趣的学习旅程！

1 开始正式进入本书之前，请先戴上神奇的思考帽，从书名想一想，这本书可能会说些什么呢?

2 神奇的思考帽一共有 6 顶，每次戴上一顶，并根据帽子下的指示来动动脑。

3 接下来，进入目录，浏览一下，看看这本书的结构是什么，可以帮助你建立整体的概念。

4 现在，开始正式进行这本书的探索啰！本书共 14 个单元，循序渐进，系统地说明本书主要知识。

5 英语关键词：选取在日常生活中实用的相关英语单词，让你随时可以秀一下，也可以帮助上网找资料。

6 新视野学习单：各式各样的题目设计，帮助加深学习效果。

7 我想知道……：这本书也可以倒过来读呢！你可以从最后这个单元的各种问题，来学习本书的各种知识，让阅读和学习更有变化！

神奇的思考帽

客观地想一想

用直觉想一想

想一想优点

想一想缺点

想得越有创意越好

综合起来想一想

? 生活中哪些事物和园艺有关？

? 你喜欢观花、观叶还是观果植物？

? 种植行道树有什么好处？

? 为什么植物的栽培，很容易失败？

? 如果选一种园艺植物来代表自己，你会选什么？

? 怎样让园艺美化自己的生活？

目录

■神奇的思考帽

C O N T E N T S

早期的园艺

一位园艺大师曾说过："一国的文化和经济水准，从她的园艺事业发展程度可以看得出来。"意思是当一个国家文化水准越高，生活越富裕，园艺就越是蓬勃发展。

什么是园艺

除了稻米、小麦等"粮食作物"，以及咖啡、茶、棉花等"经济作物"，人类为了生活需要所栽培的植物都属于"园艺植物"，包括水果、蔬菜、花卉、药草等。园艺是一门科学，它不只是栽种，还包括对植物进行加工，以及利用植物美化环境等。只有在文化、经济先进的国家，人们才有余力发展精致的园艺，要求水果要香甜、蔬菜要

巴比伦空中花园建于公元前6世纪，采取逐层缩减的建法，每层都种有花草树木，是最古老的"屋顶花园"。（图片提供/维基百科）

安全、营养，环境要美化。尤其美化环境，是现代园艺的发展重心，也是本书主要内容。

园艺的历史

最早的园艺可以追溯到史前时代，当时人类已经开始种植蔬菜和水果。用来美化环境的园艺（例如花园）起源较晚，3500年前古埃及的陵墓壁画，已经可以看到有棕榈树围绕的莲花池；公元前6世纪，波斯国王大流

公元前1350年的古埃及壁画上，有生长着莲花的水池，以及池边的莎草、无花果、棕榈树等各式植物。（图片提供/达志影像）

士建造一座"天堂花园"，有花果、亭阁和美丽的造景。但最有名的园艺，首推古代世界"七大奇观"之一的巴比伦空中花园，约建于公元前6世纪，是一座壮观的多层次立体花园。

在公元前2400年的埃及象形文字中，已经出现葡萄和酿酒形象。（图片提供/维基百科）

19世纪以后，小型的住宅庭园开始流行。到了现代，园艺的功能更多样化，除了赏心悦目之外，甚至还能提供医疗保健、净化环境、增加经济收入等价值。

早期的庭园多为王公贵族所拥有，20世纪以来已经普及到一般百姓家中。图为西班牙的庭园。

广义的园艺作物并不仅限于花卉，大致可分为水果、蔬菜和观赏植物等3大类。

早期的园艺植物

最早的园艺植物已经不可考了；但至少在5000年前，埃及人已经栽培葡萄用来酿酒；3000年前的埃及和两河流域已经栽种蔷薇和铃兰。在中国，4000年前已经栽培杏树；桃、李的栽培也有2500年以上的历史，后来"桃李"和"杏林"分别成为教育界和医学界的代名词。印度医学发达，栽培药草植物也有几千年的历史。

属于蔷薇科的李树，栽培历史相当悠久，除了是重要的果树，也是观赏作物。图为李花。（摄影/宋馥华）

栽培植物：环境篇

植物不像动物一样可以自由移动，所以更容易受环境影响。环境适合就欣欣向荣；若水土不服，就无精打采，甚至奄奄一息。

土壤是植物生存的关键，人们必须以施肥、换土等方式，提供园艺作物生长所需养分。

栽培第一步：四大要素

阳光、空气、水和土壤是植物生长的四大要素。阳光提供光能和温度，空气提供二氧化碳，水提供氢，让植物进行光合作用、制造养分；此外，水可以溶解和运输养分，土壤提供各种矿物质。因此，栽培植物一定要充分具备这四大要素。

即使在同一个阳台，各区域的日照条件不同，适合栽植的植物也不同。
（插画/彭绣雯）

日照充足，适合种植花卉。

桂花

肾蕨

常春藤

三色堇

日日春

部分时间有日照。

非洲堇

仙人掌

铁线蕨

茶花

白鹤芋

没有日照，较为阴暗，适合种植耐阴植物。

没有日照，但很明亮。

马拉巴栗

观赏凤梨

现代化的温室中设有定时定量的喷雾设备，提供园艺作物所需水分，不会因强劲喷水而伤害作物。（图片提供/达志影像）

栽培第二步：了解植物

园艺栽培的第二步，就是了解植物的特性。不同的园艺植物，来自不同的生态环境，由此发展出不同的特性。例如雨林既湿热又浓密、阳光很少照进树冠层以下，因此植物大多耐湿、耐阴而不耐寒；而高山气候寒冷、风大且日照强烈，因此植物大多耐寒、耐风且需要充足的阳光。

所以栽培某种植物，必须知道它的原生地是哪里，研究适合的生长环境：需要阳光直射的全日照，还是不能直射的半日照？多浇水还是少浇水？冬天要不要防寒？夏天要不要遮阳透风？若能提供与原生地相似的环境，植物就能长得很好；否则植物就会"水土不服"，缺乏生气。例如蝴蝶兰的原生地是亚热带原始林，长在树干上或树荫处，喜欢清凉潮湿的环境，不能直接晒

阳光的充足与否，对植物生长影响很大，例如左盆的植物缺少阳光，所以枝叶较为稀疏。

花儿几时开

有些植物开不开花和阳光有密切关系，例如菊花在日照时间变短时开花，因此原来是在秋季（白天开始变短）盛开。不过，为了在冬季过年时能供应市场，花农就用灯照来让菊花以为日照时间没有变短，而延迟到冬天才开花。这就是一种"花期调整"的方法。

花农为缩短菊花的花期，在夜里用灯照射以延长日照时间，10—3月的照射时间最长，每晚约需4小时。（图片提供/廖泰基工作室）

太阳；仙人掌的原生地是沙漠，对它来说，充足的阳光是必需品，但大量的浇水却是其致命伤。

郁金香鳞茎在种植前，必须经过冷藏催化处理（约4℃），才能使其发芽开花。

栽培植物：技术篇

栽培植物有两个重要的技术：一是帮助生长发育的技术，一是防治病虫害的技术。双管齐下，植物才能变成"健康宝宝"。

帮助生长发育

园艺植物旺盛生长固然很好，但有时长的却不是人们想要的部位，例如果树只长叶而不开花结果，就不会有果实可采收了。

栽培园艺植物，要找到适合该植物的土壤与花器。

土壤提供植物矿物质，最主要的是氮、磷、钾三种元素。氮促进枝叶生长，磷促进开花，钾则促进茎根发育，各提供不同的营养元素，可以影响植物生长发育的重点。现代科学研究更发现植物也有"激素"，如生长素、细胞分裂素、激勃素（赤霉素）、乙烯和离层酸等，可用人工合成的方式制造，施用这些激素也可以影响植物生长发育。

病虫害防治

许多生物以植物为食物，像蚜虫、椿象、蝗虫等；也有会让植物生病的真菌、细菌和病毒。对于这些情形，必须靠栽培技术来克服。

适时的修剪植物，可以维持植物外形的美观，还可通过剪除枯枝、病枝来减轻病虫害；但病

19世纪的园艺栽培。左边的人正在修剪枝叶，右边的人以桩来固定盆栽中植物，后面的人则以木板盖住植物，以收到阻光及防寒的功效。（图片提供/达志影像）

适时修剪枯萎或过长的枝叶，可使养分集中，有助于植物生长。（图片提供/达志影像）

虫害太严重时，就必须用药剂来辅助了。农药分化学性和生物性两种，化学性的农药可迅速杀菌灭虫，但容易污染环境和破坏生态，所以生物性的农药愈来愈受重视。

生物性的农药不会破坏环境，如"昆虫信息素"可以吸引特定害虫掉入陷阱，"苏力菌"寄生在小菜蛾幼虫身上造成幼虫死亡。另外，有些植物会自己制造一些除虫物质，如印度楝树、辣椒、烟草、除虫菊等，也被人们提炼来作为农药。一般

在家里就能DIY：用辣椒或是大蒜压碎、泡水来做"环保农药"。

磷（促进开花结果）

氮（使枝叶茂盛）

钾（使叶片及根部茁壮）

植物因部位不同需求不同，所需要的肥料也不一样。

蚜虫会吸食植物汁液，妨碍生长并传播病毒。图为蚜虫吸食玫瑰花苞。（图片提供/GFDL，摄影/Nvineeth）

温室和纱网

在园艺栽培中，温室和纱网是两种不同的保护伞。温室可以隔绝病虫害，还可控制温度、光线，让植物在最适合的环境下生长，可是花费较大。纱网没有那么多优点，但比较便宜，最大的功能是隔离病虫害。例如木瓜的环斑花叶病，经由蚜虫传播病毒，差点毁了全世界的木瓜产业，现在的木瓜都种在由纱网搭建的网室里，由于蚜虫无法穿越纱网，因此能减轻灾情。

纱网可阻隔部分病虫害，但间隙过密的纱网却会影响通风和日照。（摄影/黄丁盛）

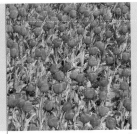

观花植物 1

（图片提供/GFDL，摄影/John O'neill）

花是植物的生殖器官，为了吸引昆虫前来授粉，进化出变化万千的姿态，把世界装饰得多彩多姿，也美化我们的生活。

花团锦簇的地毯

花的美丽各有千秋。有些花以庞大的阵容取胜，像有些一年生的草花：非洲凤仙花、四季秋海棠、百日草，植株低矮，花多而且持续不断地绽放，如果密集种在一起，可以形成花团锦簇的色块，有如地毯一般。许多大型游乐区、公园、圆环或安全岛，常可见到这种"花式地毯"。

一些球根花卉如郁金香、风信子，也常用于温带地区春季的大面积花坛上。这类球根植物开花后会逐渐枯萎，只留下球根在地下过冬；等到春天来临，就会迅速发芽、开花。因此常可见一片光秃秃的园地在几天内突然繁花似锦，令人惊喜万分。

四季秋海棠的花期长，在气候温暖的地区，甚至四季都开花。（摄影/张君豪）

庭园的美丽焦点

木本植物的花通常大而醒目，像玫瑰、山茶花和朱槿，常是庭园中的视觉焦点。有些木本植物的花只在某个季节开放，像杜鹃、樱花和凤凰木，平时

郁金香外形高雅、花色多，无论作为切花花材或栽种成片花毯，都极具美感。（摄影/黄丁盛）

披着绿色的外衣，并不起眼，但花季一到就满树缤纷。另外，像三角梅、软枝黄蝉、使君子和紫藤等藤本植物，常攀附在凉亭、花架、栅栏上，让色彩与绿意不断延伸出去。玉兰花、桂花、茉莉花及栀子花等，花朵虽然没有美丽的颜色，但会散发醉人的香气。

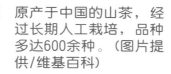

花心嫩黄的缅栀花，看起来就像鸡蛋，别名鸡蛋花。（摄影/宋馥华）

原产于中国的山茶，经过长期人工栽培，品种多达600余种。（图片提供/维基百科）

不在家时植物的供水方式

有时要外出旅行几天，家中的盆栽没人浇水怎么办？这里教你几个小方法：

1. 把盆栽移到太阳晒不到的地方，以免阳光把水分蒸发掉；然后把盆栽放在浅盘里，盘里加水，就可以提供好几天的水分。
2. 在盆栽旁边高一点的地方放一杯水，用一条吸水的棉线，一端放在杯里，另一端放在盆里，水就会因虹吸作用一滴一滴流进盆里。
3. 将塑料瓶灌满水，盖上盖子后，在盖上打个小洞，再将塑料瓶倒立，插在花盆的泥土里。瓶内的水因大气压力不会马上流出，而是一滴一滴流进泥土里，水分可以源源不绝地供应。

上图：紫藤花布满整个棚架，不但美观也有遮荫的效果。（图片提供/维基百科）

非洲凤仙花喜欢潮湿的环境，花期约从5月起，长达半年。无论单瓣或重瓣都很讨喜。（摄影/张君豪）

观花植物 2

（图片提供/维基百科）

花朵可以美化户外环境，也可以点缀室内空间。如果桌上摆一盆小巧的非洲堇，看书累了赏赏花，看它盎然的生机，无形中也可以缓解疲劳。

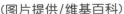

室内的小精灵

绝大多数的观花植物需要充足的阳光，花才会开得好，因此不适合在室内栽培，但想在室内赏花，还是有办法的。

一种是栽培只需置于明亮的窗边便可开花的植物，例如非洲堇、大岩桐等；另一种是先在室外栽培，等要开花时再把

杜鹃花的大家族

杜鹃花有几种？白色、粉红、桃红色花朵……？你恐怕想不到，全世界一共有八九百种杜鹃花，除了花色，花瓣、花的排列方式，以及叶子的形状、大小等等，还有许多变化。不过，其中有许多是人工培育出来的种类。世界最大的杜鹃花原产地是在中国西南，英国人曾多次进入云南采集大量杜鹃花的标本和种子，带回英国栽植，而且人工培育出新的品种。现在，爱丁堡皇家植物园就是以杜鹃花著称。

杜鹃花是中国闻名于世的三大名花之一，也是中外都喜欢栽植的园艺植物。上图：平户杜鹃。左图：西洋杜鹃。（摄影/张君豪、宋馥华）

仙客来从播种到开花约需15个月。仙客来喜欢凉冷的气候，气温超过25℃就不利于生长。（图片提供/达志影像）

右图：瓜叶菊的花期在1—5月，花色多，不需太多日照，适宜摆放在室内，是过年常见花卉。（摄影/宋馥华）

盆栽搬进来欣赏，开完后再搬出室外栽培，这类的植物很多，例如过年常用来布置的盆菊、水仙、有"盆花女王"之称的仙客来，以及西洋杜鹃、蝴蝶兰、圣诞红等。

珍贵的收藏品

有些花的外形罕见或颜色特殊，显得特别珍贵，成为一些园艺爱好者的收藏品，像加得利亚兰、墨兰、黄色的茶花、硕大的牡丹花等。

这幅19世纪德国学者海克尔的兰花图，约有16种兰花。12世纪中国已盛行养兰，欧洲则在19世纪兴起风潮。（图片提供/维基百科）

栽培这些珍贵的花卉，除了便于欣赏，也能增加收入，还有不少人利用闲暇加入改良品种的行列，像玫瑰、菊花、百合、郁金香等，在一些业余园艺家的努力育种之下，竟产生500个以上各形各色的品种。

五彩茉莉和茉莉花是不同科的植物，两者都具香气；而它的紫色花会由花心处慢慢变白，十分特别。（摄影/宋馥华）

观花植物的照顾要点

要让植物花开得好，除了平时好好照顾外，最重要的是在花芽形成期，供给能够帮助开花、含磷量较高的肥料，例如杜鹃花在每年7月底8月初时分化花芽，在此时施肥可以增加花芽形成量。花朵开放时不要让植株缺水，但浇水时尽量避免浇到花朵，以免造成花朵腐烂。花谢后，如不需要观赏果实或收集种子，应尽早将谢掉的花朵剪除，以免浪费养分。

花朵枯萎后应该摘除，以避免浪费养分，也让植物更有生气。（非洲堇，摄影/萧淑美）

观叶植物 1

（绿萝）

观叶植物的叶形和叶色与众不同，具有观赏价值；有些甚至可以长期摆在室内，成为室内绿化的主角。

常春藤的叶形像枫叶，生命力强，全年都可观赏。

与众不同的叶子

俗话说"好花不常开"、"花无百日好"，一朵花从开始发育到开花，常需几个月甚至一年才能完成，但开花却只维持几天，所以大部分植物的多数时间都是绿色妆扮。绿油油的景象虽然令人神清气爽，但看久了也会觉得单调，这时"观叶植物"是一个不错的选择。

有些观叶植物的叶片不是绿色的，或是有其他颜色的条纹、斑点、斑块。最典型的例子是变叶木，和一般绿色植物比起

彩叶草有各种叶形和鲜艳的颜色，生长快速，容易栽培。（摄影/巫红霏）

马拉巴栗是很受欢迎的"发财树"。（摄影/张君豪）

紫叶酢浆草的叶子，晚上有睡眠运动。（摄影/宋馥华）

朱蕉又称红竹，红铜色的叶片有花卉的效果。（摄影/萧淑美）

来，它偏红或偏黄的叶片有花朵般的装饰效果。

绿萝的叶片有黄色或白色斑块，它生性强健，插在水里就能活，还可从高处悬挂而下，制造"绿帘"的效果。

观叶植物简易分类

刚开始栽种植物，不妨试试观叶植物，它们比较容易照顾。你可以根据它们的特色，挑选自己所喜欢的！

叶片特色	植物名称
叶片具有色彩、斑块、条纹	变叶木、五彩千年木、红竹、彩叶草、彩叶芋、星点木、黄金叶、金露花、绿萝、常春藤、西瓜皮椒草、白网纹草等。
叶片外形奇特	蔓绿绒类、龟背竹、文竹、武竹、狐尾武竹、鹅掌藤、马拉巴栗、观音棕竹、圆叶蒲葵、猪笼草等。
观赏蕨类	铁线蕨、波斯顿蕨、鹿角蕨、山苏花、银脉凤尾蕨等。

猪笼草的捕虫笼会分泌甜味吸引昆虫，捕虫笼内部的下半壁有消化腺，能分泌消化液。

（插画/吴昭季）

观叶植物的新宠

（插画/吴昭季）

有些观叶植物的叶片虽是绿色，但具有特别的形状、光泽或排列方式，也成为观赏的重点。例如圆叶蒲葵的叶就像一把把雨伞，鹅掌藤的"掌状复叶"像一只只鹅掌，文竹的叶片非常细致柔美。最特别的是猪笼草，叶片像袋子，用来捕食昆虫。

观叶植物最大的用途是装饰室内环境。由于室内的光线比室外暗，因此不需要太多光照的蕨类植物成为新宠儿，像鹿角蕨、山苏花等。另外，还有一些带有吉祥意味的观叶植物，如金钱树（属天南星科）、发财树（马拉巴栗）、开运竹（万年青）等，也深受公司行号和一般家庭的喜爱。

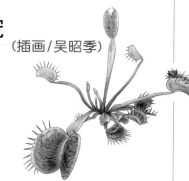

捕蝇草叶缘会分泌甜味吸引昆虫，叶片内侧有感觉毛，一碰触，叶片迅速收合。

观叶植物 2

观叶植物不仅为居家生活带来绿意，还有净化空气的功效。摆放时，要与室内环境和谐搭配，因为它也是室内设计的一部分。

🪴 观叶植物的摆设

室内的观叶植物，除了装饰环境，美化空间之外，还可作为简易的隔间，像天然的屏风。此外，科学研究指出：在室内种植观叶植物，可以净化各种有毒气体，例如杀虫剂、清洁剂、油漆、香烟所造成的空气污染，可算是自然的"空气净化机"。

门边、墙角、转弯处和墙壁边，适合摆设较高的大型观叶植物；柱子上、屋梁下或墙面上，适合摆设悬挂型的观叶植

明亮的窗边，日照充足，又能避免直接曝晒，是室内放置盆栽的理想地方。（图片提供/达志影像）

稍微离开窗边：垂榕

较阴暗的地方：花叶万年青

窗边阳光较充足：变叶木

避免冷气直接吹到植物。

较阴暗的地方：绿萝

西瓜皮椒草

观叶植物大多原产在热带、亚热带区的森林下层，因此比较耐阴，可以放置在室内观赏，但需要经常喷水，以维持潮湿的环境。（插画/陈正堃）

吊兰（右）、镶边圆叶福禄桐（中上）、波斯顿蕨（下），都是常见的观叶植物。（图片提供/达志影像）

物。但最常摆设的地方，是在桌上和窗边，适合小型而且颜色、形状多变的观叶植物；若再搭配特殊的小花盆，更是赏心悦目。

摆设观叶植物，要注意和室内环境和谐搭配。比较正确的做法是，先选定位置，再选择适合的植物，而不是买一盆植物回来，再随便找一个地方摆放。

这盆观叶植物的叶子细小，种在大花盆中，无法表现出叶子的姿态。

观叶植物的照顾要点

由于大多数的观叶植物种在室内，因此光线成为一大问题。虽然很多植物比较耐阴凉，但长期缺乏光照，不仅生长受影响，叶上的斑纹也会逐渐消失。最好的方法是栽培两组观叶植物，轮流摆在户外接受充足的光照（但不可放在太阳下曝晒，容易枯萎）；否则应尽量将植物摆在明亮的窗边，或为它们点一盏灯来补光。由于观赏的部位是叶片，因此肥料以氮肥为主；但因在室内

组合盆栽

有时只摆设一种植物似乎比较单调，这时找个大一点的容器，将不同种类的植物摆在容器内，做成"组合盆栽"，就可以大大提升视觉美感。组合盆栽最重要的是植物的选择。植物依外形一般可分为：具有鲜艳颜色的"焦点型"、具有挺拔枝干的"直立型"、茎叶细致蓬松的"填充型"、具有蔓性茎叶的"悬垂型"4种。组合盆栽至少包括其中3型，如焦点、直立和悬垂型，经过巧妙排列，层次变化丰富的盆栽就大功告成了。

由四季秋海棠和彩叶草组合的盆栽，颜色更丰富且富有变化。

生长缓慢，一年只需施用一二次长效性的肥料就可以了。

观果植物

对许多哺乳类来说，植物最有价值的部分，就是可以吃的果实。不过，只有人类不仅把果实拿来吃，还拿来欣赏，因而栽培出各种"观果植物"。

外形像南瓜的辣椒，可以食用，也可以观赏。（图片提供/许雅歌）

观果植物趣味多

有些观果植物的果实纯供观赏，例如风船葛和唐棉，果实成气囊状，像挂着一颗颗小气球，模样很可爱。状元红和冬青的果实不大，但又多又密集，成熟时呈鲜艳的红色，十分壮观。金露花的果实成熟时呈金黄色，一串串如朝露在太阳下闪闪发光。

有些观果植物的果实本来专供食用，经过改良而失去食用的特性，变成

好看又好吃的小蕃茄，需要排水良好、日照充足的环境。刚结成的蕃茄是绿色的，随着果实逐渐成熟，里头的蕃茄红素增加而变红。（图片提供/达志影像）

以观赏为主，例如玩具南瓜。玩具南瓜的外形五花八门，有的迷你可爱，有的重达100千克，是休闲农业的热门产品。

有些食用的果实，因颜色、形状或大小适中，也被当成观果植物来栽培，像过年常见的金橘

盆栽、蛇瓜、葫芦、草莓、小番茄等，就兼具观赏和食用的价值。由于园艺技术日新月异，有些果树缩小成迷你型，种在花盆里照样开花结果，像柠檬、百香果等，也是人见人爱的观果植物。

唐棉的果实外形奇特，有许多别名，如钉头果、气球果等；日本人则认为它像极了身体鼓胀的河豚，而称为河豚果。（摄影/张君豪）

观果植物简易分类

你栽种的观果植物，是不是能看不能吃呢？这可要先了解一下！

果实特色	植物名称
纯观赏的果实	风船葛、唐棉、状元红、冬青、金露花、玩具南瓜等。
好看又好吃的果实	金橘、蛇瓜、葫芦、草莓、小番茄、柠檬、百香果、美国樱桃（卡利撒）、西印度樱桃、观赏辣椒等。

玩具南瓜的外形、颜色多样，又耐久放，发挥点创意，用油彩彩绘，就成了独特的装饰。（图片提供/达志影像）

观果植物的照顾重点

果实是植物经过生长、开花以后才有的成果，所以比起观叶植物和观花植物，在照顾上更为费心。一般来说，植物结果需要充足的光照，有些还需要充分的水，所以观果植物适合摆在户外。此外，结果量多的植物，果实一般比较小；如果要让它大一点，必须在果实生长期间摘掉一部分，使剩下的果实能均匀分布。但如果纯粹欣赏果实的繁密，就不需要这样"加工"了。

植物的根如果受到限制，植物就无法长高长大，因此把果树种在盆里，并控制浇水施肥的量，就可让果树缩小。图为柑橘类果树。（摄影/宋馥华）

多肉植物

(芦荟的叶缘，图片提供/GFDL)

如果很想种一盆植物，却又懒得天天浇水，多肉植物应该是最好的选择。由于它适合懒人栽培，所以又被称为"懒人植物"。

沙漠的植物王国

顾名思义，多肉植物就是指茎或叶呈肥厚肉质状的植物，外形千奇百怪，有的圆圆的像一颗球，有的像棒子，还有的叶片弯弯的像新月。这种植物大多生长在干旱、贫瘠的沙漠或高原，为了适应环境，茎或叶比较肥厚，可以储存水分和养分，也称为"多浆植物"。

全世界的多肉植物约有50科，1万种以上；其中以仙人掌科的种类最多。其他常见的还有石莲花、长寿花、芦荟、沙漠玫瑰等。多肉植物除了可

仙人掌由于好照顾，常被当成观赏植物。（摄影/张君豪）

供观赏，很多可以食用，像火龙果是三角柱仙人掌的果实；石莲花的叶片吃起来清脆可口；芦荟是热门的药用植物；墨西哥产的龙舌兰可以制酒。至于美丽而开花短暂的昙花，也是一种花朵可食用的多肉植物，属于仙人掌科。

多晒太阳少喝水

多肉植物储有很多水分，所以不必天天浇水，否则容易烂掉。大部分的多肉植物都需要很强的阳光照射才会长得好，因此放在室内欣赏时，最好摆在明亮的

昙花在仙人掌科中花朵最大，通常在夜间开花，只有4—5小时，所以成语中的"昙花一现"便是形容人、事短暂出现便消逝。（图片提供/GFDL）

种子森林

　　沙漠中的仙人掌为了繁衍后代，果实内有数不清的种子。果实被动物取食后，种子就搭动物的"便车"迁移到别的地方，再随动物的排泄物而落地，只要下一点雨就能快速发芽。利用这种特性，我们可以取一小片火龙果肉，放在纱网内，用清水洗去浆状物质，留下黑色的种子。再拿一盆泥土，把种子均匀放上去，喷一些水，种子会在几天内迅速发芽生长，形成种子森林，可以作为观赏用的小品盆栽。

黄皮白肉的黄龙果，果形较小但甜度最高。（图片提供/GFDL，摄影/Fibonacci）

一颗火龙果内约有数千至1万多粒种子，种子发芽形成的种子森林，十分美丽。（图片提供/GFDL，摄影/AllenTimothy Chang）

火龙果花多在晚上开放，隔天一早便凋谢，而花朵长达45厘米，有"霸王花"之称。（图片提供/维基百科）

窗边，并常常移到户外晒太阳。不过有些颜色比较翠绿的植物如"珍珠吊兰"、"弦月"等，因为表皮较薄，太阳直射反而容易让表皮烧焦。

　　大致来说，多肉植物的生命力很强韧，不需太多照顾就可以活得很好，而且茎或叶片与植株分离后，不会马上枯萎，还能继续活着，直到新的根长出来，成为另一株

芦荟叶片中的黏液，有益于皮肤美容。（图片提供/GFDL，摄影/Rau1654）

部分龙舌兰鳞茎经烘烤榨汁后可以制酒，以墨西哥Tequila村所产的龙舌兰酒最有名。（图片提供/维基百科，摄影/Adrian Pingstone）

新的植株。从多肉植物身上，可以看出大自然的奥妙与生命力的启示。

水生观赏植物

（埃及的白睡莲，图片提供/维基百科）

水生植物和多肉植物不同，栽培过程要注意很多细节，不能偷懒。但是，它所带来的绿意、水景交融之美，则是最好的回报。

和水分不开

一般的水生观赏植物大致可分为三类：挺水、浮水和沉水植物。

挺水植物生长在浅水或水边，茎和叶都挺出水面。池塘中常见的有莲花、香蒲、滴水观音和水竹等，其中以莲花最

布袋莲花朵呈紫色，繁殖力惊人，常堵住水道或掩盖整片水域。（摄影/宋馥华）

多，除了赏花，莲叶上的水珠和莲蓬也是欣赏的重点之一。

浮水植物是叶子浮在水面上，常见的有睡莲、布袋莲、水芙蓉（大萍）、浮萍等。其中，浮萍是点缀池塘绿意的主角，它利用候鸟传播，所以虽是小小的一片，却是最"国际化"的水生植物。

沉水植物因沉在水里看不清楚，以前不太受重视，但近年来许多人喜欢在

水生植物以水作为生长及繁殖媒介，一般人可以在水池栽种水生观赏植物。（插画/陈正堃）

水萍　水芙蓉　睡莲　莲　鹿角苔　细叶铁皇冠　珍珠草　莲藕　芦苇　香蒲

埃及人和睡莲

在古埃及的壁画和文物中，常常出现睡莲；而今天的埃及也以睡莲为国花。为什么埃及人这么喜欢睡莲呢？原来埃及人很重视人的生死，他们看到睡莲每天傍晚闭合之后，第二天清晨又再开放，便认为睡莲具有神秘的生命力。

近年流行的水草缸适合种植沉水性观赏植物，但要使用适合的底沙、灯照、二氧化碳等，才能让水草茂盛翠绿。（图片提供/GFDL）

水生植物的照顾重点

鱼缸里种植水草，沉水性的观赏植物才渐渐受到青睐，例如金鱼藻、水蕴草、小榕、铁皇冠类、鹿角苔、珍珠草类、菊花草类，都是好看又容易栽植的水草。

一般水生观赏植物都需要很强的日照才会长得好，尤其生长期间（约4—10月）更需注意，所以最好种在户外。沉水植物可以种在鱼缸里，但必须用电灯补充光线。栽培挺水植物，最好用有机的黏质土壤（如田土）作底土，上面铺沙。如果水生植物繁殖迅速，要注意定时疏除，以免影响水质。最重要的是换水，尤其在夏天如果不换水，容易滋生蚊虫，水也容易混浊或发臭，对植物造成伤害。

水芙蓉利用须根来吸收水中养分，是常见的水生观赏植物。（摄影/张君豪）

浮萍是世界上最小的单子叶植物，具有净水的功能，也是鱼类及鸭、鹅的食物。

睡莲在古埃及、佛教、中国文化中，都象征着圣洁。（摄影/黄丁盛）

盆景与插花

（图片提供/GFDL）

园艺不只是"栽种"植物而已，还包括"养"盆景和"插"鲜花；而盆景与插花也和文化、艺术、国际贸易密切相关。

盆景：大自然的缩影

盆景发源于中国。为了能在自家庭园里欣赏到山中苍劲的老树，中国人很早就懂得把小树苗种在浅浅的花盆里，用竹片或铁丝固定枝条弯曲的角度，再加以修剪与施肥，让它慢慢长成苍劲老树的模样。树下铺些沙石、苔藓，摆个小人或假山，就像具体而微的山水。一盆美丽的盆景需要数年到数十年的细心栽培，所以价值非凡。

盆景可分为树桩盆景和山水盆景两类。树桩盆景以树为观赏主体，枝叶细小、寿命长和根干奇特的树种最佳。（摄影/黄丁盛）

马来西亚的一位盆景爱好者，展示高仅2.2厘米的小盆景。（图片提供/欧新社）

缅甸仰光的大金塔内，妇人虔诚地将花供奉给菩萨。（摄影/黄丁盛）

插花：变化丰富的花艺

除了盆景外，还有一种能天天赏花的方法：插花。盆景是固定的造景，插花则可以随时更换花材，变换"花样"。插花方式大致可分为东方式与西方式。

西方式插花讲究色彩丰富，常把花器插得满满的，一般以圆形、椭圆形、三角形、L形与S形为主。喜庆场合常用的花篮、花环就是从西方式插花演变而来的。为了供应世界各国所需的花材，荷兰更发展出全球最繁荣的花卉生意。

东方式插花和人们"以花供佛"的传统习俗有密切的关系。它的特色是保有花材自然的气韵与特性，重视线条美，以不等边三角形为主，并保留大量的留白空间。中式插花还讲究"谐音"，例如以柏、万年青和百合为花材，就形成吉祥的"百年好合"。

插花在唐朝由中国传到日本，发展成"花道"。花道有很多流派，都强调陶冶心性，并传达一种抽象的思想或观念。

西式插花大量使用各色花材，营造出缤纷热闹的气氛。（摄影/张君豪）

无论是花器、叶、枝干或花朵，都是花道观赏的重点；搭配意境幽远的写意画，更能展现平和的气氛。（图片提供/维基百科）

如何让花开得更久

花朵开放需要能量，但花朵采下来后，就失去水分和养分的供应了。为了解决这个问题，一般是把花插入水中，让茎部吸水；但因为茎部剪切的伤口常会产生大量细菌，堵塞茎部的输水组织，使花朵缺水而提早枯萎，效果有限。比较简便的方法是，在水中加入含有柠檬酸的汽水（用水稀释5倍）。柠檬酸可抑制细菌生长，汽水中的蔗糖可以提供花朵养分，这就是实用的保鲜剂了。

路边的景观植物

（木棉花，摄影/萧淑美）

在道路两旁及安全岛上种植植物，不但可以美化环境，还可减轻空气污染、减少灰尘、降低噪音。但要种哪些植物，却是一门学问。

道路两旁难为家

道路旁的空气污染严重，常常让植物的叶片受到伤害；而铺设的柏油和水泥又产生防水层，使植物的根无法接触地下水，水分供应不足；再加上高楼常会遮蔽阳光，或是出现大楼风，这些都会阻碍植物生长。所以，道路两旁、安全岛，甚至路口的圆环，都不是植物理想的家。

此外，人们对行道植物还有不少要求：既要美观，又要茂密，还要好维护，最好能开花，如果能净化空气更好。所以能雀屏中选的植物不多，而且生命力都很强。以蜘蛛百合为例，不但叶片浓绿、花朵硕大，还很耐旱和耐污染；樟树的叶片则带有芬芳的香味，而且对废气抵抗力强。

安全岛上的头尾两端通常会栽植低矮而醒目的植物，表示接近交叉路口。（摄影/张君豪）

法国人自称巴黎的香榭丽舍大街是全世界最美丽的大道，两旁的梧桐树，为它增色不少。（图片提供/GFDL）

道路两旁，可以用高大的乔木和低矮的非洲凤仙，组成层次。（摄影/张君豪）

复层式栽植法

根据研究，以"复层式栽植法"栽种的行道植物，隔音和防尘效果最佳。这种方法就是同时栽植低矮的草本植物、中型的灌木和高大的乔木，以形成一片绿墙。例如行道树如果是台湾栾树（乔木），树下就可以搭配杜鹃（灌木），再配上蔓花生、狗肝菜等低矮草本植物，这种阵容兼具观花、防尘、隔音和净化污染空气的效果。

关心身边的行道树

行道树时时出现在我们眼前，除了认识它们，仔细看看，它们有没有出现下面的问题？

1. 植穴太小，让树根无法伸展，抓地力不够，台风来时容易倾倒。

2. 植穴下方通常是水泥构造，植物的根无法接触地下水；若在道路中间，浇水不易，容易缺水而生长不良。

3. 路边栽植地常被人们践踏，造成土壤压实，除了让树根更难伸展外，还会减少土壤中的空气含量，让根部无法呼吸。

图为标准的行道树植穴，若过小会影响生长。（摄影/张君豪）

为了引导驾驶人的视线，行道植物种类最好单纯，而且以规则方式栽植；但在安全岛的前端，则可栽植色彩、层次多变化的低矮植物，以提醒驾驶人注意交叉路口。近年来，许多城市开始在路边栽植市花、市树或原生植物以凸显城市的特色，也是规划设计的另一种选择。

高大的椰子树需要时常修剪，以免枯叶落下，伤到行人。（摄影/萧淑美）

居家绿化

　　每家都有阳台、窗台、庭院或屋顶。这些户外空间可以发挥巧思加以绿化，给生活增添更多的情趣。

🪴 阳台·窗台绿化

　　有人把阳台比喻为"家的眼睛"，因为从阳台可以看到外界的一切，而外界也可经由美丽的阳台来了解主人的生活品味。一般公寓的阳台空间狭小，不适合做花园，但可用花箱或盆花来美化。为了增加趣味、丰富变化，可常常移动花盆位置，或依季节更换花卉。窗台空间更小，适合小盆花，可以直立或悬挂，但浇水时要注意楼下的住户或行人。

京都的商店，在窗前种上大片的植物，绿化了环境，也营造出日式建筑特有的恬静气氛。（摄影/张君豪）

　　阳台的方位会影响日照量。朝北的阳台几乎没有直射的阳光，只能种耐阴的观叶植物和草花；朝南的阳台光线较充足，

瑞士人常在家里的阳台、窗台等处种满各式植物，和美丽的自然景致相辅相成，难怪瑞士会赢得"世界花园"的美誉。（图片提供/达志影像）

小空间大创意：立体式栽培

在都市里，许多人都住公寓或大楼，很少有庭院或屋顶，但通常有阳台和窗台。为了在有限的面积上增加绿化空间，可采用"立体式栽培法"（地面与空中）。在地面上，采用两层或多层式花架，底层摆中、大盆，上层摆小盆；或栽种适量的蔓藤植物，这种植物十分轻巧，不受空间限制。在空中，可悬挂吊盆类植物，这类植栽以观叶植物为主，如绿萝，但因为挂在空中，水分容易流失，因此要多注意喷洒水。

欧洲人喜欢在窗旁的墙壁或楼梯扶手栏杆上安装钢架，再配合季节摆上花卉或观叶植物，为平淡的白墙增添丰富的表情。

可以栽种木本花卉等需全日照的植物。东向阳台接受早晨的阳光，光线较温和，一般的草花都可顺利生长；西向的阳台接受下午的阳光，光线较强烈，可以栽植蔓藤植物稍微遮掩西晒。但无论如何，在阳台栽种植物，都不可遮蔽太多阳光，因为一个阳光充足的居家环境，能使人身心愉快。

殊，有风大、阳光强和水分蒸发快等问题，所以要选用耐风、耐旱和喜好阳光的植物，或是加装防风和遮阳设备。屋顶种树也要注意，土壤的深度一般为90厘米；但因为树体庞大且重，应种在地板结构较强的梁柱支撑处，并做好保护措施，以防意外。

锦屏藤爬上屋檐，长长的气根彷佛帘子般垂挂下来。（摄影/宋馥华）

利用屋顶空间布置一个秘密花园，即使在都市里也能享受田园之乐。（摄影/萧淑美）

🪴 屋顶·庭园绿化

庭院和屋顶的面积较大，在栽种植物上可以发挥更大的创意。除了使用花盆或花箱外，还可以做一些造景，成为休闲的小庭园。但屋顶位置特

造园

（德国奥古斯都堡，图片提供/GFDL）

面积比较大的空间，例如花园、公园、庭园等，可以发挥最大的园艺创意。不只栽种花木，还可营造景观，所以称为"造园"。

各种造园特色

造园植物最主要的功能是美化和装饰，此外还可以遮蔽不良景观（如水沟盖、电线箱、垃圾桶）。利用植物还可营造特殊的风情，像中式庭园常种植松、竹、梅、兰、菊、桃花、牡丹、柳树、桂花、榉木等高雅或名称吉祥的植物；日式庭园多有松、竹、青苔，并用木板、白沙、石灯笼装饰；热带庭园少

这个小精灵造型，采用了1.6万株植物，有15米长。（图片提供/欧新社）

不了睡莲、椰子、棕榈或芭蕉；欧式庭园常出现繁花竞艳的花圃，例如向日葵或香草类植物，讲究一点的还修剪灌木做造型。

造园注意事项

在园地规划设计之前，必须先对自然环境（如地形、气候、土壤、方位等）和人为环境（如使用人的偏好、附近景观、相关法令等）仔细研究，才能选用适合的植物，栽种在适合的地方。例如气候炎热的地方，庭园的步道两旁和座椅上方，应栽种枝叶

法国凡尔赛宫始建于 17 世纪，其建筑和庭园成为欧洲许多王宫模仿的对象。整个庭园十分整齐、开阔，是当时西方庭园的特色。（图片提供/GFDL）

日本枯山水受到北宋山水画及禅宗的影响，以白石来代表山川流水。（日本安国寺，图片提供/GFDL，摄影/Jnn）

中式庭园喜以竹子表现文人气息。（杭州虎跑泉，图片提供/维基百科，摄影/Shizhao）

庭园中出现睡莲、棕榈等植物，就充满热带气息。

茂密的乔木，或设置花架绿廊，为行人提供清凉的绿荫。

此外，如果位于地震频繁且人口密集的地区，大型公园必须增加救灾功能，并开辟大片的草坪。当发生火灾或地震，才有空间容纳灾民避难，而树木也尽量选用榕树等耐火烧的种类。

英国"伊甸计划"植物园，是目前世界最大的温室，以蜂窝状的半圆顶花园闻名。（图片提供/达志影像）

动手做迷你庭园

家里没有足够的空间，换个方式一样可以拥有自己的庭园。准备材料：小盆栽（如常春藤、百万心等）、水苔、松针、球果、镜子、贝壳、白沙、小径摆饰（水族馆有售）。

2.依个人喜好，把贝壳、球果等装饰材料摆进盒子，只留下放置盆栽的空间。

1.在小盒子底部铺上百洁布，把镜子（当作水池）、小径摆饰放好后，铺上白沙。

3.将盆栽放进预留的空间，迷你庭园就完成了。

英语关键词

园艺	Horticulture	原产地	Origin
环境	Environment	耐阴性	Shade Tolerance
绿化	Greening	草本植物	Herbaceous Plant
观赏植物	Ornamental Plant	木本植物	Woody Plant
盆景	Bonsai	藤本植物	Vine
盆花	Pot Flower	球根植物	Bulbaceous Plant
切花	Cut Flower	树	Tree
插花	Flower Arrangement	灌木	Shrub
花市	Flower Market	一年生植物	Annual
空气	Air	多年生植物	Perennial
光线	Light	花朵	Flower
水	Water	香气	Fragrance
土壤	Soil	开花	Blossom
养分	Nutrition	玫瑰	Rose
肥料	Fertilizer	康乃馨	Carnation
杀虫剂	Pesticide	菊花	Chrysanthemum
激素	Hormone	水仙	Narcissus

杜鹃花　Azalea

郁金香　Tulip

兰花　Orchid

观叶植物　Foliage Plant

叶子　Leaf（Leaves）

蕨类　Fern

食虫植物　Insectivorous Plant

猪笼草　Pitcher Plant

捕蝇草　Flytrap

果实　Fruit

多肉植物　Succulent Plant

仙人掌　Cactus

芦荟　Aloe

水生植物　Aquatic Plant

莲花　Lotus

睡莲　Water Lily

鱼缸　Aquarium

道路　Road, Street

行道树　Roadside Tree

安全岛　Traffic Island

温室、花房　Greenhouse

阳台　Balcony

屋顶花园　Roof Garden

花盆　Pot

造园　Landscape Architecture

园艺家　Gardener

庭园、公园　Garden

植物园　Botanical Garden

花坛　Flower Bed

草坪　Lawn

风格、形式　Style

新视野学习单

1 下列哪些是园艺学所包含的范围？（多选）

1. 栽培水果、蔬菜及可观赏的植物

2. 栽培咖啡、茶、可可等饮料作物

3. 对水果、蔬菜进行加工、处理，以提高经济价值

4. 利用美丽的植物绿化环境

5. 研究如何提高稻米的产量

（答案见06—07页）

2 植物生长的四大要素各有什么功能？请将它们（阳光、空气、水、土壤）填入下列空格。

1. _____提供二氧化碳（光合作用所需）

2. _____提供氢（光合作用所需），溶解和输送养分

3. _____提供光能和温度

4. _____提供矿物质

（答案见08页）

3 连连看

氮肥·   ·可以帮助果实生长

磷肥·   ·可以改变植物生长发育的模式

钾肥·   ·可以寄生在昆虫上，让昆虫死亡

植物激素·   ·可以帮助植物开花

昆虫信息素·   ·可以帮助植物长叶子

苏力菌·   ·可以吸引昆虫掉进陷阱里

（答案见10—11页）

4 想想看，下列这些花卉可以怎么利用在美化环境上？

1. 非洲凤仙花   2. 玉兰花   3. 玫瑰   4. 非洲堇

5. 蝴蝶兰   6. 莲花   7. 三角梅   8. 凤凰木

（答案见12—15页）

5 是非题

（ ）观叶植物的叶片具有特别的形状、颜色、光泽或排列方式。

（ ）观叶植物可以净化室内的空气。

（ ）桌上和窗边适合摆设较高的大型观叶植物。

（ ）观叶植物通常都比较耐阴，长期种在阴暗的室内，不会影响生长。

（ ）观叶植物施用的肥料以氮肥为主，1年只需施用一二次长效性的肥料。

（答案见16—19页）

6 有关多肉植物的叙述，哪些是对的? （多选）

1. 多肉植物就是指茎或叶呈肥厚肉质状的植物。
2. 火龙果和昙花都属于仙人掌科。
3. 所有的多肉植物都喜欢阳光直射的环境。
4. 多肉植物的茎或叶可以储存水分和养分，不用天天浇水。
5. 多肉植物的茎或叶片与植株分离后，会马上枯萎。

（答案见22—23页）

7 连连看

莲花·　　　　　　　·挺水植物

布袋莲·

睡莲·　　　　　　　·沉水植物

金鱼藻·

香蒲·　　　　　　　·浮水植物

水蕴草·

（答案见24—25页）

8 是非题

（　）东方式插花讲究色彩丰富，常把花器插得满满的。

（　）西方式插花着重保有花材自然的气韵与特性，重视线条美。

（　）日本的插花是从中国唐朝传入，并发展成花道。

（　）观果植物的果实都经过改良而失去食用的特性。

（　）结果量多的植物，果实一般比较小；如果要让它大一点，必须在果实生长期间摘掉一部分。

（答案见20—21、26—27页）

9 请举出3种适合作行道树的植物。

＿＿＿＿＿＿　＿＿＿＿＿＿　＿＿＿＿＿＿

（答案见28—29页）

10 请选出对的叙述。（多选）

1. 朝北的阳台几乎没有直射的阳光，只能种耐阴观叶植物和草花。
2. 西向的阳台光线较为强烈，可以栽植蔓藤植物，稍微遮掩西晒。
3. 屋顶要选用耐风、耐旱和喜好阳光的植物。
4. 睡莲、椰子、棕榈及芭蕉是日式庭园中常见的植物。
5. 位于地震频繁且人口密集的地区，大型公园必须规划大片草坪，以便在发生灾难时有空间容纳灾民。

（答案见30—33页）

■■ 我想知道……

这里有30个有意思的问题，请你沿着格子前进，找出答案，你将会有意想不到的惊喜哦！

开始！

水果和蔬菜是园艺植物吗？
P.06

最古老的屋顶花园是哪一座？
P.06

植物生大要素

唐棉有哪些有趣的别称？
P.21

多肉植物是什么？
P.22

为什么火龙果的花又称霸王花？
P.23

太棒赢得金牌。

如何种出迷你果树？
P.21

种植行道树要注意哪些事情？
P.29

哪个国家被称为"世界花园"？
P.30

为什么朝北的阳台，只能栽种耐阴植物？
P.30

什么是"组合盆栽"？
P.19

为什么要让花瓶里的花"喝"汽水？
P.27

东方式的插花和什么习俗有关？
P.27

颁发洲金

太厉害了，非洲金牌也是你的！

发财树是指哪一种植物？
P.17

猪笼草如何捕食昆虫？
P.17

哪一种花被称为"盆花女王"？
P.15

世界最鹃花原哪里？

长的四
是什么?

为什么花农要用
灯光照射菊花?

植物内的激素,
对植物生长有何
影响?

不错哦,你已前
进5格。送你一
块亚洲金牌!

了,
美洲

芦荟叶片中的黏
液有何功效?

浮萍如何散播
到全世界?

为什么要修剪植
物呢?

太好了!
你是不是觉得:
Open a Book!
Open the World!

埃及人为什么
喜欢睡莲?

蚜虫为何是许多植
物的克星?

如何制作"环保农
药"?

大洋
牌。

好的盆景树种
应该具备哪些
条件?

水芙蓉如何吸
收养分?

为什么在温室栽种
植物比较好?

大的杜
产地在

数天不在家,
怎样维持盆栽的
水分?

获得欧洲金
牌一枚,请
继续加油!

缅栀花为什么又称
鸡蛋花?

图书在版编目（CIP）数据

园艺：大字版 / 宋馥华撰文．—北京：中国盲文
出版社，2014.5
　　（新视野学习百科；39）
　　ISBN 978-7-5002-5034-0

　　Ⅰ．①园…　Ⅱ．①宋…　Ⅲ．①园艺—青少年读物
Ⅳ．① S6-49

中国版本图书馆 CIP 数据核字 (2014) 第 063916 号

　　原出版者：暢談國際文化事業股份有限公司
　　著作权合同登记号 图字：01-2014-2118 号

园　艺

撰　　　文：宋馥华
审　　　订：张育森
责任编辑：吕　玲
出版发行：中国盲文出版社
社　　　址：北京市西城区太平街甲 6 号
邮政编码：100050
印　　　刷：北京盛通印刷股份有限公司
经　　　销：新华书店
开　　　本：889×1194　1/16
字　　　数：33 千字
印　　　张：2.5
版　　　次：2014 年 12 月第 1 版　2014 年 12 月第 1 次印刷
书　　　号：ISBN 978-7-5002-5034-0/ S · 28
定　　　价：16.00 元
销售热线：　(010) 83190288 83190292　　　　　　版权所有　侵权必究

绿色印刷　保护环境　爱护健康

亲爱的读者朋友：

　　本书已入选"北京市绿色印刷工程—优秀出版物绿色印刷示范项目"。它采用绿色印刷标准印制，在封底印有"绿色印刷产品"标志。

　　按照国家环境标准（HJ2503-2011）《环境标志产品技术要求 印刷 第一部分：平版印刷》，本书选用环保型纸张、油墨、胶水等原辅材料，生产过程注重节能减排，印刷产品符合人体健康要求。

　　选择绿色印刷图书，畅享环保健康阅读！

北京市绿色印刷工程